Basic Math

Multiplication

Tables

With Worksheets

AF799889

Victor Scott Adcock

BOLD NEW LIFE PUBLISHING, LLC

Boldnewlife.com

ISBN: 10 – 1-947280-06-6

ISBN-13: 978-1-947280-06-9

1 x 1 = 1

1 x 2 = 2

1 x 3 = 3

1 x 4 = 4

1 x 5 = 5

1 x 6 = 6

1 x 7 = 7

1 x 8 = 8

1 x 9 = 9

1 x 10 = 10

1 x 11 = 11

1 x 12 = 12

$$1 \times 11 = 11$$

$$1 \times 3 = 3$$

$$8 \times 8 = 64$$

2 x 1 = 2

2 x 2 = 4

2 x 3 = 6

2 x 4 = 8

2 x 5 = 10

2 x 6 = 12

2 x 7 = 14

2 x 8 = 16

2 x 9 = 18

2 x 10 = 20

2 x 11 = 22

2 x 12 = 24

$$2 \times 11 = 22$$

$$2 \times 12 = 24$$

$$7 \times 8 = 56$$

3 x 1 = 3

3 x 2 = 6

3 x 3 = 9

3 x 4 = 12

3 x 5 = 15

3 x 6 = 18

3 x 7 = 21

3 x 8 = 24

3 x 9 = 27

3 x 10 = 30

3 x 11 = 33

3 x 12 = 36

3 x 11 = 33

3 x 3 = 9

6 x 9 = 54

$4 \times 1 = 4$

$4 \times 2 = 8$

$4 \times 3 = 12$

$4 \times 4 = 16$

$4 \times 5 = 20$

$4 \times 6 = 24$

$4 \times 7 = 28$

$4 \times 8 = 32$

$4 \times 9 = 36$

$4 \times 10 = 40$

$4 \times 11 = 44$

$4 \times 12 = 48$

$$4 \times 11 = 44$$

$$4 \times 8 = 32$$

$$9 \times 9 = 81$$

5 x 1 = 5

5 x 2 = 10

5 x 3 = 15

5 x 4 = 20

5 x 5 = 25

5 x 6 = 30

5 x 7 = 35

5 x 8 = 40

5 x 9 = 45

5 x 10 = 50

5 x 11 = 55

5 x 12 = 60

$$5 \times 11 = 55$$

$$5 \times 9 = 45$$

$$8 \times 9 = 72$$

6 x 1 = 6

6 x 2 = 12

6 x 3 = 18

6 x 4 = 24

6 x 5 = 30

6 x 6 = 36

6 x 7 = 42

6 x 8 = 48

6 x 9 = 54

6 x 10 = 60

6 x 11 = 66

6 x 12 = 72

$$6 \times 11 = 66$$

$$6 \times 6 = 36$$

$$8 \times 12 = 96$$

7 x 1 = 7

7 x 2 = 14

7 x 3 = 21

7 x 4 = 28

7 x 5 = 35

7 x 6 = 42

7 x 7 = 49

7 x 8 = 56

7 x 9 = 63

7 x 10 = 70

7 x 11 = 77

7 x 12 = 84

$$7 \times 11 = 77$$

$$7 \times 7 = 49$$

$$8 \times 6 = 48$$

8 x 1 = 8

8 x 2 = 16

8 x 3 = 24

8 x 4 = 32

8 x 5 = 40

8 x 6 = 48

8 x 7 = 56

8 x 8 = 64

8 x 9 = 72

8 x 10 = 80

8 x 11 = 88

8 x 12 = 96

8 x 11 = 88

8 x 3 = 24

7 x 6 = 42

9 x 1 = 9

9 x 2 = 18

9 x 3 = 27

9 x 4 = 36

9 x 5 = 45

9 x 6 = 54

9 x 7 = 63

9 x 8 = 72

9 x 9 = 81

9 x 10 = 90

9 x 11 = 99

9 x 12 = 108

$$9 \times 11 = 99$$

$$9 \times 7 = 63$$

$$8 \times 7 = 56$$

10 x 1 = 10

10 x 2 = 20

10 x 3 = 30

10 x 4 = 40

10 x 5 = 50

10 x 6 = 60

10 x 7 = 70

10 x 8 = 80

10 x 9 =90

10 x 10 = 100

10 x 11 = 110

10 x 12 = 120

$$10 \times 11 = 110$$

$$10 \times 10 = 100$$

$$9 \times 8 = 72$$

11 x 1 = 11

11 x 2 = 22

11 x 3 = 33

11 x 4 = 44

11 x 5 = 55

11 x 6 = 66

11 x 7 = 77

11 x 8 = 88

11 x 9 = 99

11 x 10 = 110

11 x 11 = 121

11 x 12 = 132

$$11 \times 11 = 121$$

$$11 \times 4 = 44$$

$$8 \times 8 = 64$$

12 x 1 = 12

12 x 2 = 24

12 x 3 = 36

12 x 4 = 48

12 x 5 = 60

12 x 6 = 72

12 x 7 = 84

12 x 8 = 96

12 x 9 = 108

12 x 10 = 120

12 x 11 = 132

12 x 12 = 144

$$12 \times 11 = 132$$

$$12 \times 4 = 48$$

$$7 \times 7 = 49$$

Worksheets

8 x 8 = ________

7 x 7 = ________

3 x 3 = ________

1 x 1 = ________

9 x 9 = ________

10 x 10= ________

2 x 2 = ________

4 x 4 = ________

12 x 12 = ________

6 x 6 = ________

5 x 5 = ________

Use the tables in this book to check your answers.

Worksheets

6 x 7 = ________

8 x 6 = ________

7 x 8 = ________

8 x 9 = ________

9 x 7 = ________

11 x 7 = ________

4 x 4 = ________

3 x 9 = ________

6 x 9 = ________

8 x 8 = ________

2 x 12 = ________

Use the tables in this book to check your answers.

Worksheets

9 x 9 = ________

1 x 9 = ________

5 x 5 = ________

7 x 6 = ________

6 x 8 = ________

4 x 8 = ________

3 x 9 = ________

5 x 7 = ________

6 x 6 = ________

8 x 7 = ________

11 x 11 = ________

Use the tables in this book to check your answers.

Worksheets

2 x 8 = ________

7 x 7 = ________

9 x 8 = ________

3 x 7 = ________

6 x 5 = ________

5 x 5 = ________

1 x 10 = ________

11 x 3 = ________

8 x 6 = ________

8 x 9 = ________

9 x 7 = ________

Use the tables in this book to check your answers.

Worksheets

11 x 7 = ________

4 x 4 = ________

8 x 8 = ________

7 x 7 = ________

3 x 3 = ________

6 x 8 = ________

9 x 7 = ________

2 x 9 = ________

3 x 7 = ________

5 x 6 = ________

10 x 10 = ________

Use the tables in your book to check your answers.

Worksheets

10 x 9 = ________

7 x 4 = ________

2 x 9 = ________

6 x 8 = ________

9 x 4 = ________

2 x 3 = ________

5 x 11 = ________

8 x 7 = ________

4 x 6 = ________

11 x 4 = ________

7 x 4 = ________

Use the tables in your book to check your answers.

Worksheets

3 x 3 = ________

6 x 8 = ________

9 x 7 = ________

7 x 7 = ________

3 x 4 = ________

2 x 1 = ________

5 x 6 = ________

5 x 7 = ________

3 x 6 = ________

11 x 2 = ________

7 x 4 = ________

Use the tables in your book to check your answers.

Worksheets

9 x 9 = ________

1 x 9 = ________

5 x 5 = ________

7 x 6 = ________

6 x 8 = ________

4 x 8 = ________

3 x 9 = ________

5 x 7 = ________

6 x 6 = ________

8 x 7 = ________

11 x 11 = ________

Use the tables in your book to check your answers.

Worksheets

4 x 8 = ________

7 x 8 = ________

9 x 7 = ________

3 x 5 = ________

4 x 5 = ________

2 x 5 = ________

4 x 9 = ________

11 x 3 = ________

8 x 7 = ________

2 x 9 = ________

9 x 7 = ________

Use the tables in your book to check your answers.

Worksheets

6 x 7 = _________

4 x 4 = _________

7 x 8 = _________

2 x 7 = _________

2 x 3 = _________

9 x 8 = _________

5 x 7 = _________

4 x 9 = _________

3 x 8 = _________

8 x 6 = _________

7 x 5 = _________

Use the tables in your book to check your answers.

Worksheets

7 x 9 = ________

8 x 9 = ________

5 x 5 = ________

7 x 6 = ________

2 x 8 = ________

4 x 8 = ________

5 x 11 = ________

5 x 7 = ________

5 x 6 = ________

4 x 4 = ________

6 x 7 = ________

Use the tables in your book to check your answers

Worksheets

2 x 8 = ________

8 x 7 = ________

9 x 3 = ________

6 x 3 = ________

8 x 9 = ________

10 x 10= ________

2 x 2 = ________

4 x 4 = ________

1 x 12 = ________

8 x 6 = ________

4 x 7 = ________

Use the tables in your book to check your answers.

Worksheets

6 x 12 = ________

3 x 4 = ________

12 x 8 = ________

2 x 7 = ________

2 x 3 = ________

9 x 8 = ________

12 x 7 = ________

4 x 12 = ________

2 x 8 = ________

7 x 6 = ________

6 x 6 = ________

Use the tables in your book to check your answers.

Worksheets

2 x 2 = ________

7 x 1 = ________

9 x 3 = ________

1 x 7 = ________

2 x 3 = ________

9 x 8 = ________

7 x 7 = ________

4 x 6 = ________

8 x 8 = ________

9 x 6 = ________

3 x 12 = ________

Use the tables in your book to check your answers.

Worksheets

12 x 12 = ________

8 x 8 = ________

9 x 9 = ________

7 x 7 = ________

3 x 3 = ________

4 x 4 = ________

7 x 7 = ________

4 x 6 = ________

8 x 8 = ________

9 x 6 = ________

12 x 12 = ________

Use the tables in your book to check your answers.

×	1	2	3	4	5	6	7	8	9	10	11	12
1	1	2	3	4	5	6	7	8	9	10	11	12
2	2	4	6	8	10	12	14	16	18	20	22	24
3	3	6	9	12	15	18	21	24	27	30	33	36
4	4	8	12	16	20	24	28	32	36	40	44	48
5	5	10	15	20	25	30	35	40	45	50	55	60
6	6	12	18	24	30	36	42	48	54	60	66	72
7	7	14	21	28	35	42	49	56	63	70	77	84
8	8	16	24	32	40	48	56	64	72	80	88	96
9	9	18	27	36	45	54	63	72	81	90	99	108
10	10	20	30	40	50	60	70	80	90	100	110	120
11	11	22	33	44	55	66	77	88	99	110	121	132
12	12	24	36	48	60	72	84	96	108	120	132	144

	1	**2**	**3**	**4**	**5**	**6**	**7**	**8**	**9**	**10**	**11**	**12**
1	**1**	2	3	4	5	6	7	8	9	10	11	12
2	2	**4**	6	8	10	12	14	16	18	20	22	24
3	3	6	**9**	12	15	18	21	24	27	30	33	36
4	4	8	12	**16**	20	24	28	32	36	40	44	48
5	5	10	15	20	**25**	30	35	40	45	50	55	60
6	6	12	18	24	30	**36**	42	48	54	60	66	72
7	7	14	21	28	35	42	**49**	56	63	70	77	84
8	8	16	24	32	40	48	56	**64**	72	80	88	96
9	9	18	27	36	45	54	63	72	**81**	90	99	108
10	10	20	30	40	50	60	70	80	90	**100**	110	120
11	11	22	33	44	55	66	77	88	99	110	**121**	132
12	12	24	36	48	60	72	84	96	108	120	132	**144**

Bold New Life Publishing, LLC

BOLD NEW LIFE PUBLISHING, LLC

Boldnewlife.com

ISBN: 10 – 1-947280-06-6

ISBN-13: 978-1-947280-06-9

Made in the USA
Monee, IL
04 November 2026

67387882R00026